65. Mädesüß-Perlmutterfalter
Brenthis ino

66. Weißbindiges Wiesenvögelchen
Coenonympha arcania

67. Rotbraunes Wiesenvögelchen
Coenonympha glycerion

68. Kleines Wiesenvögelchen
Coenonympha pamphilus

69. Graubindiger Mohrenfalter
Erebia aethiops

70. Weißbindiger Mohrenfalter
Erebia ligea

71. Früher Mohrenfalter
Erebia medusa

72. Goldener Scheckenfalter
Euphydryas aurinia

73. Maivogel
Euphydrias maturna

74. Rostbinde
Hipparchia semele

75. Kleiner Perlmutterfalter
Issoria lathonia

76. Mauerfuchs
Lasiommata megera

77. Großes Ochsenauge
Maniola jurtina

78. Baldrian-Scheckenfalter
Melitaea diamina

79. Roter Scheckenfalter
Melitaea didyma

80. Schachbrettfalter
Melanargia galathea

Heimische Schmetterlinge im Vergleich

QUELLE & MEYER
BESTIMMUNGSKARTEN

Dickkopffalter

1. Malven-Dickkopffalter
Carcharodes alceae

2. Gelbwürfeliger Dickkopffalter
Caterocephalus palaemon

3. Dunkler Dickkopffalter
Erynnis tages

4. Rostfarbiger Dickkopffalter
Ochlodes sylvanus

5. Kleiner Würfel-Dickkopffalter
Pyrgus malvae

Ritterfalter

6. Segelfalter
Iphiclides podalirius

7. Schwalbenschwanz
Papilio machaon

8. Apollofalter
Parnassius apollo

9. Schwarzer Apollofalter
Parnassius mnemosyne

10. Osterluzeifalter
Zerynthia polyxena

Weißlinge und Gelblinge

11. Aurorafalter
Anthocharis cardamines

12. Hufeisenklee-Gelbling
Colias alfacariensis

13. Postillon
Colias croceus

14. Weißklee-Gelbling
Colias hyale

15. Hochmoorgelbling
Colias palaeno

16. Zitronenfalter
Gonepteryx rhamni

17. Senfweißling
Leptidea sinapis

18. Großer Kohlweißling
Pieris brassicae

19. Grünader-Weißling
Pieris napi

20. Kleiner Kohlweißling
Pieris rapae

21. Baum-Weißling
Aporia crataegi

22. Nierenfleck-Zipfelfalter
Thecla betulae

23. Schlüsselblumen-Würfelfalter
Hamearis lucina

24. Faulbaum-Bläuling
Celastrina argiolus

Bläulinge

25. Kurzschwänziger Bläuling
Cupido argiades

26. Zwerg-Bläuling
Cupido minimus

27. Violetter Feuerfalter
Lycaena alciphron

28. Lilagold-Feuerfalter
Lycaena hippothoe

29. Kleiner Feuerfalter
Lycaena phleas

30. Brauner Feuerfalter
Lycaena tityrus

31. Dukaten-Feuerfalter
Lycaena virgaurea

32. Dunkler Wiesenknopf-Ameisen-bläuling *Phenagris nausithous*

33. Rotklee-Bläuling
Polyommatus semiargus

34. Gemeiner Bläuling
Polyommatus icarus

35. Himmelblauer Bläuling
Polyommatus bellargus

36. Silbergrüner Bläuling
Polyommatus coridon

37. Streifen-Bläuling
Polyommatus damon

38. Storchschnabel-Bläuling
Polyommatus eumedon

39. Fetthennen-Bläuling
Scolitantides orion

40. Kreuzdornzipfelfalter
Satyrium spini

41. Ulmen-Zipfelfalter
Satyrium w-album

42. Blauer Eichen-Zipfelfalter
Quercusia quercus

43. Grüner Zipfelfalter
Callophrys rubi

Edelfalter

44. Blaukernauge
Minois dryas

45. Kleiner Fuchs
Aglais urticae

46. Admiral
Vanessa atalanta

47. Distelfalter
Vanessa cardui

48. C-Falter
Polygonia c-album

Tagpfauenauge *Nymphalis io*

Bildnachweis:
Alle Bilder stammen von Wolfgang Willner.

Projektberatung und Zusammenstellung: Wolfgang Willner

Weiterführende Literatur:
Willner: Taschenlexikon der Schmetterlinge, Band Tagfalter.
ISBN 978-3-494-01633-7

ISBN: 978-3-494-01809-6
Best.-Nr.: 494-01809

9 783494 018096

QUELLE & MEYER BESTIMMUNGSKARTEN

49. Landkärtchen
Araschnia levana

50. Großer Fuchs
Nymphalis polychloros

51. Trauermantel
Nymphalis antiopa

52. Waldbrettspiel
Pararge aegeria

53. Kleiner Schillerfalter
Apatura ilia

54. Großer Schillerfalter
Apatura iris

55. Kleiner Eisvogel
Limenitis camilla

56. Großer Eisvogel Männchen
Limenitis populi

57. Blauschwarzer Eisvogel
Limenitis reducta

58. Brauner Waldvogel
Aphantopus hyperantus

59. Feueriger Perlmutterfalter
Argynnis adippe

60. Großer Perlmutterfalter
Argynnis aglaja

61. Kaisermantel
Argynnis paphia

62. Magerrasen-Perlmutterfalter
Boloria dia

63. Silberfleck-Perlmutterfalter
Boloria euphrosyne

64. Weißer Waldportier
Brintesia circe